家|居|设|计|宝|典|系|列
HOME DESIGN BIBLE

客厅设计
LIVING ROOM DESIGN

玄关与过道设计
PORCH AND AISLE DESIGN

书房设计
STUDY DESIGN

主卧设计
MASTER BEDROOM DESIGN

儿童房设计
CHILDREN'S ROOM DESIGN

餐厅设计
DINING ROOM DESIGN

理想家
IDEAL HOME

深圳视界文化传播有限公司 编

中国林业出版社
China Forestry Publishing House

图书在版编目（CIP）数据

理想家. 主卧设计 / 深圳视界文化传播有限公司编. -- 北京 : 中国林业出版社, 2018.4
ISBN 978-7-5038-9122-9

Ⅰ. ①理… Ⅱ. ①深… Ⅲ. ①卧室－室内装饰设计 Ⅳ. ①TU241

中国版本图书馆 CIP 数据核字 (2017) 第 156171 号

编委会成员名单
策划制作：深圳视界文化传播有限公司（www.dvip-sz.com）
总 策 划：万绍东
编　　辑：杨珍琼
装帧设计：黄爱莹
联系电话：0755-82834960

中国林业出版社 · 建筑分社
策　　划：纪 亮
责任编辑：纪 亮 王思源

出版：中国林业出版社
（100009 北京西城区德内大街刘海胡同 7 号）
http://lycb.forestry.gov.cn/
电话：（010）8314 3518
发行：中国林业出版社
印刷：深圳市汇亿丰印刷科技有限公司
版次：2018 年 04 月第 1 版
印次：2018 年 04 月第 1 次
开本：170mm×240mm，1/16
印张：10
字数：100 千字
定价：68.00 元

前言 | PREFACE

不管社会如何变迁，人们对家的关注依然热情不减，家是现代人在外疲劳奔波后的身心安放之所。随着大众物质生活水平的不断提高，人们对家的要求也不断在提升。家不再是过去简单的居住空间，它还承载了人们生活的理想、品位和追求，因此家在保持整体风格的基础上，不同空间在日渐完善的装饰下又显示出各自不同的空间特性。大气正式的客厅、精致实用的餐厅、视觉过渡的玄关、安静清闲的书房、舒适沉稳的主卧和俏皮可爱的儿童房等，每个空间仿佛都在用各自的特色诉说自己的故事，同时又装载了主人的生平兴趣和爱好，让居家的时光变得更加舒适惬意。

No matter how society changes, people have been focusing on home constantly. Home is a shelter of body and mind for modern people after the exhausting day. With the improvement of modern people's material living standards, their requirements to home are promoting as well. Home is no longer a simple living space while it carries their dreams, tastes and pursues of living. So on the basis of keeping the overall style of the home, different spaces manifest different space characteristics through increasingly perfect furnishings. Magnificent and formal living room, exquisite and practical dining room, visually transitional porch, quiet and leisure study, comfortable and sedate master bedroom and the nifty and lovely children's room relate their own stories by their own characteristics and convey owners' interests and hobbies, which makes the living time more comfortable and cozy.

本套丛书按功能空间分别涵盖了《客厅设计》《餐厅设计》《玄关与过道设计》《主卧设计》《儿童房设计》《书房设计》六册。以风格划分，突出特性。选用的都是国内优秀的设计师或设计公司设计的上千张实景图案例，并配上简洁实用的设计说明，内容可参考性强，意在通过丰富的案例和清晰的图片，使读者更加了解不同装饰风格中，每个空间不同的功能特性和装饰要点。旨在为广大读者提供优质的设计信息，从而提高室内家居设计的品味与格调。

This series of books containliving room design, dining room design, porch and aisle design, master bedroom design, children's room design and study design divided by function. And every space has different styles, which highlights the characteristics. The projects are chosen from works by excellent domestic designers and design companies with thousands of realistic pictures and concise and practical design concepts which are referable, meaning to give readers deep understandings of functional features and decorative points of different spaces in different styles through rich projects and clear pictures. It aims to provide readers with high quality design information so as to improve the taste and style of interior design.

目 录

CONTENTS

现代风格

MODERN STYLE

062-093

EUROPEAN STYLE

欧式风格

主卧设计 MASTER BEDROOM DESIGN

软装和硬装上相呼应，多采用华丽舒适的床品，床头软包多有雕饰，墙面采用欧式花纹的壁纸，天花采用欧式各种形式的吊灯，双层窗帘则装饰出浪漫温馨的居家氛围。

Soft and hard decorations echo each other. The beddings are gorgeous and comfortable. The soft package of the bed are carved. The walls are covered with wallpapers with European patterns. The ceiling matches with various droplights. And the double curtains make a romantic and warm living atmosphere.

浪漫满屋

■ 设计师｜刘宏

整个空间弥漫着复古、自然主义的调调，最突出的特征是贵族气十足。这“贵”散发着人文和古典气息，浪漫清新之感扑面而来。

饰

吊灯：水晶吊灯散发出浓厚的浪漫情怀。

配色：使用了素净、淡雅的颜色，并巧妙地用明亮色系作为装点，金色将多彩的生活融入于这优雅浪漫的场景中。

饰品：灯饰、烛台以及家具中的金饰雕花，装点出浓浓的法式浪漫。

欧式古韵

■ 设计师｜鲍剑翼

简单的线条、淡雅的色彩、恰到好处的装饰呈现出不一样的格调。在保持简约洗练的前提下，采用极富欧洲古典风韵的经典元素。

饰 背景墙：采用温馨雅致的墙布。

吊灯：古典浪漫情怀式的水晶吊灯。

床头柜：欧式复古的实木家具打造，营造新欧洲风情。

如花的诉说

■ 设计师｜张之鸿

本案经典又不失时尚，包含浓厚的西方文化底蕴。严格按照西方古典建筑设计比例来设计室内细节，极力营造法式乡村氛围。

饰

床：米色的色彩搭配蓝色碎花床品，让空间增色不少。

壁纸：浅蓝色的壁纸和墙壁的设计相得益彰。

地板：实木复合地暖地板，展现法式乡村情怀。

奢华之家

■ 设计师 | 王小根

整个空间采用东方传统的“中轴对称式”布局方法，在这个奢华气息浓郁的欧式空间中，展现了东方文明的庄严气息。奢华的单椅、边几、角几、壁纸与东方风情的画芯、茶杯图案、单椅软包巧妙地融合在一起，两种文化相互交织。

饰

屏风：中式屏风将主卧划为“休息区”与“书房区”，有效地利用了空间。

沙发：柔软的皮质沙发，舒适、惬意。

吊灯：柔和的灯光，明亮温暖。

璀璨人生

■ 设计师｜金卫华

本案定位为典型的欧式风格，置身其中仿佛穿越时空复归古典。设计师采用现代的元素去演绎古典，以一种追求卓越的品质来成就璀璨人生。

饰

地毯：那铺着鹅绒的地毯仿佛漫步云端。

吊灯：华美的水晶吊灯彰显高贵、典雅。

配色：以金黄色为主色调，透着一股皇家宫廷的尊贵华丽气派。

时尚新古典

■ 设计师 | 于富江

整体空间以米色为主调，墙面也只是贴上一层驼色的花纹墙纸，气质高雅，不张扬。地板的颜色偏深，整个的色调把握还是以温馨舒适为主，更具亲和力。

饰

饰品：金属质感的摆设，抽象的装饰画，再搭配一些小饰物，足以拼就一幅新古典空间图。

天花板：米色的天花板，毫无修饰，更凸显出行云流水之美。

床品：精致的鸳鸯对枕，淡雅的绣花抱枕，营造了温馨的氛围。

独具一格

■ 设计师｜谢柯、支鸿鑫

以欧式古典风格为基调，不拘泥于传统的逻辑思维方式，探索创新造型手法，讲究人情味，在室内融入简易且略带复杂的设计手法，如欧式古典构件的抽象形式以新的手法表达出来。

饰 吊灯：与水晶吊灯不同，这款吊灯为纯白色，新颖独特。

窗帘：青绿色的窗帘，内裹一层薄纱，与窗外的景色融为一体。

背景墙：摒弃传统的墙纸，采用米色的软包，朴素而不失高雅。

奢华气派

■ 设计公司｜北京卓然雅居装饰有限公司

融合新旧元素，兼收并蓄，突出卧室空间的贵气感，通过室内的色彩和细节的处理营造独特魅力。

饰 灯：大气奢华的水晶吊灯，赋予空间贵气的基调。

家具：突出线条美感的金色镶嵌，做工精细。

繁花似锦

■ 设计师｜翁伟锴

本案采用英式殖民地风格，摒弃繁琐与奢华，并将不同风格中的优秀元素汇聚融合，本案在设计手法上，以舒适机能为导向，强调了“回归自然” 而又恰到好处地把雍容华贵之气渗透到每个角落，使整体空间变得通透流畅。突出了别墅本身的自然优势又适当彰显个人品味。

饰

摆件：欧式的茶几、台灯，共同营造温馨祥和的气氛。

吊灯：天花仿古吊灯相趣成章，给人以庄重之感。

布艺：布面花色秀丽，多以纷繁的花卉图案为主，彰显雍容华贵。

法式宫廷

■ 设计师｜陈杨利

以巴洛克和洛可可风格为代表的法式宫廷风格，带着一种贵族奢华、浪漫精致的生活氛围，有着其代代相承的骄傲和严谨的华丽美。这种风格的家具与装饰，主要采用花样繁多的装饰，作大面积的雕刻、金箔贴面、描金涂漆处理。法式家具带有浓郁的贵族宫廷色彩，精工细作，富含艺术气息。

饰

饰品：色彩浓郁的挂画摆件、质地精良的硬包宫廷沙发座椅，这些凸显品质的配饰都恰到好处地传达了空间的优雅风情。

地毯：毛绒地毯铺满整个地板，尽显贵族奢华。

吊灯：金色的水晶大吊灯，精雕细琢后的产物，带有浓浓的宫廷风。

奢享国度

■ 设计公司 | 乐尚设计

“紫色”作为华贵象征的寓义大胆融入到设计表达中，凸显屋主与众不同的气质与品位。同时利用其他色彩的深浅变化、巧妙过渡，来调和空间的整体视觉效果与氛围，营造丰富的画面层次。

吊顶：极富创意的造型吊顶，以递进的深度，加大空间的层高，视觉大气。

家具：奢华中透出雅致，简约中品味时尚。

古色古香

■ 设计公司 | 杭州道境室内设计有限公司

本案采用了典型的法式古典风格。以金黄色为主色调，彰显尊贵气派，置身其中仿佛穿越时空复归古典。

饰

吊灯：方形的天花穹顶与华美吊灯相趣成章，彰显华丽、典雅。

配色：恰到好处地用纯红色和金黄色营造一种古朴纯粹的美，既端庄大气又韵味十足。

地板：整个地面运用黑檀人字拼地板，与仿古家具形成对应，呈现古典美。

缤纷多彩

■ 设计师 | 周通

空间主要以个性张扬的时尚配色为主，设计感十足的雅致饰品随性地摆放，多彩时尚文化的融合，空间线与面的处理，每个元素相互的关系。所有虚实动静的撞击把整个现代空间完美地呈现出来。除了解决空间实用性问题，同时特别注重空间灵活多用性的运用。

饰

插花：百合花竞相开放，花香四溢。

床品：做工精细，配色时尚，彰显青春活力。

地毯：多种颜色的拼接地毯，大方得体。

雅苑

■ 设计师 | 颜飞

本案打破了传统欧式线条复杂、色彩低沉的设计手法，在传统欧式风格的基础上，以简约的线条代替复杂的花纹，采用较为明快清新的颜色，更适应现代生活的休闲与舒适。

饰

配色：室内颜色搭配走舒雅路线，浅显的颜色搭配让生活变得轻松，精致简约的颜色层次分明，清新且不失稳重，让装修的心情变的清透起来。

壁纸：采用碎花墙纸的设计，就能营造出舒适放松的氛围，更能突显简洁大气。

饰品：反对多余装饰，崇尚合理的构成工艺，尊重材料的性能，讲究材料自身的质地和色彩的配置效果。

淡妆浓抹总相宜

■ 设计师 | 杨万煜

本案主要为突出清新雅致的生活状态。从整体到局部，从布局规划到软装配饰，都给人精雕细琢的唯美印象。设计师保留了欧式风格的材质、色彩的精髓，同时又摒弃了过于复杂的肌理和装饰，简化了线条，让空间线条更加的流畅，也让气氛更贴近自然。

饰

配色：纯白、雅蓝、清绿、亮粉，浓妆淡抹之处都赋予了独特的空间表情。

床品：精致的布艺配上花鸟、孔雀花纹的抱枕，展现出欧式风格的尊贵姿容，同时又兼具优雅时尚的现代感。

饰品：阳台上放置的鲜花盆景与碎花窗帘交相辉映，使空间淡雅且充满生机。

缤纷雅室

■ 设计师 | 张恒

经过改良的欧式主义风格，将怀古的浪漫情怀与现代人对生活的需求相结合，兼容华贵典雅与时尚现代，反映出后工业时代个性化的美学观点和文化品位。无论是家具还是配饰均以优雅、唯美的姿态，平和而富有内涵的气韵，描绘出居室主人高雅、贵族之身份。

饰 吊灯：鹅黄色的水晶吊灯，带有黑色线条的灯罩，很时尚的搭配。

床品：精致而不过于浮夸的装饰，凸显了屋主的高雅。

饰品：小景插花，植物盆栽，于高贵之中彰显舒适安逸。

流金岁月

■ 设计师 | 翁伟锴

设计以欧式元素线条与现代色彩结合，以温暖明亮色调来体现清新明快，时尚的配饰来彰显现代与品位。不局限于形式上的奢华，而更趋向于不同材质之间的搭配运用，并着重于个性、时尚。用设计语言描绘现代、个性、时尚品质生活，流露着“个性化”表达现实的想象，同时注重功能、舒适，空间统一性。

饰

吊灯：水晶吊灯，十分精致，时尚又高贵。

挂画：背景墙上的挂画，看似简单，却又意味深远。

床品：毛绒制品为主，与整个空间的温馨之气不谋而合。

蓝白色的浪漫

■ 设计师｜翁伟锴

新颖的构思、伟大的创意、温润的色感、傲人的曲度，整个居室设计处于一种曼妙的气场中，高清新度的荷尔蒙让你的心为之震动与倾倒。仿佛一场优雅肆意的浪漫幻想曲，迎接着众人的目光。

饰 顶面：泛着淡淡文艺复古气质的灰白木质顶面，仿佛进入美妙的丛林国度。

床品：粉色的薄纱帷幔，若隐若现，影射着纯白色的床品，浪漫气息扑面而来。

岁月静好

■ 设计师｜郑树芬、杜恒

散发着浪漫的气息，浅色调的玫瑰花壁纸，花卉床品，白色流线型木柜和柔美的陶瓷摆件，如法国少女般温婉。

饰

挂画：极富艺术气质的油画，意境悠远。

家具：实木质感，色彩朴素，低调中显露情韵。

灰调艺术

■ 设计师｜王冠、刘建辉、于鹏杰

整体暖灰色空间搭配色彩跳跃的金色元素来打破传统格调，赋予整个空间时尚感，营造出迷人的、充满艺术气质的氛围。

饰

灯：偌大的水晶吊灯，闪烁迷离，在金色的映衬下更显贵气。

家具：造型偏简约，线条精细优雅，一种舒适大气油然而生。

金碧辉煌

■ 设计师 | 吴祯祥

整个主卧的空间很大，所以带有独立的办公室。无论是软装和硬装，都偏向奢华主义风格，却又不矫揉造作。整个空间给人时尚、大方、高贵、典雅的感觉。

饰

吊灯：主卧和办公室分别有一个大水晶吊灯，做工精致，十分奢华。

墙纸：金色的印花墙纸，使整个卧室看起来富丽堂皇。

布艺：多以金色为主，既高雅又不失温馨舒适。

爱马仕的时尚

■ 设计师 | 史林艳

奢华概念爱马仕主题元素的有意加入，在经典的欧式装饰面前，它更能代表着对超前与时尚的接纳与包容，主人房延续亮黄、花色格子与条纹装饰不吝铺陈。

饰

家具：宽大的铆钉装饰的双人沙发，典雅而时尚，足以说明了主人房宽敞。

背景墙：别具意味的是中式的花鸟背景墙，配以宫廷风格的古董床，收藏与品味在这里开始体现，中西风格在这里“融和”。

素颜

■ 设计师｜谢芳勇

本案结合别墅的外观欧式建筑，室内装修风格为法式新古典。华美精致的设计基调，大气细腻的雕琢，让欧洲古典主义气息弥漫整个室内空间。精雕细琢的设计传达出别墅主人高贵的身份和对雅致的生活品味的追求。

饰

饰品：选用温暖色调和精美内敛的装饰造型，混合中式元素的装饰，给人耳目一新的感觉。

配色：以素色为主色调，摒除传统欧式华丽花哨的线条，取之以干净利落的线条，使得整体空间更加严谨。

雅然十色

■ 设计师｜孟繁峰

业主有短暂的国外居留经历，希望自己的住所能带有一点古典气息，想通过一个大气尊贵的空间来突显其品味和地位，选择家具的时候反感沉闷的空间表现形式，希望使用欧美家具。

饰

壁纸： 灰紫色的印花壁纸让阳光充足的卧室更加温暖惬意。

床品： 紫红色的大花被褥，铺有白色锦绒的暗红的床头凳，精致而高贵。

摆件： 床头柜上的台灯，床边的座椅，黑色的小狗雕像，错落有致。

恬淡为上

■ 设计师｜沈烤华

本案设计选择的是欧式风格，整体感觉比较稳重，以金色系为主调。所以在卧室选择清新淡雅一点的颜色，这样既不与原风格相冲突，又能给人眼前一亮的感觉。

饰

配色：淡雅的绿色既能使房间感觉很舒适、温馨，更使房间充满生机和活力。

吊灯：利落的线条和精致的水晶吊灯，多了份雅趣和品位。

床品：浅紫色的碎花被褥，搭配淡蓝色的床头凳，精致而素雅。

蓝白小调 清新生活

■ 设计师｜郑陈顺

主卧拥有充裕的面积，所以在室内布置了一个开放式的小书房，增加主卧的功能属性。色调上选择更显档次的红棕色，高雅的氛围，精心挑选的软装陈设，没有浮夸的造作，丝丝的温馨惬意让人身心放松。

饰

床品：精致大方的色彩和纹样，简欧风格的床上用品让空间贵气十足。

天花板：白色的大格子天花板，配上浅黄色的吊灯，高贵而不浮夸。

饰品：挂画，台灯，小花盆摆件，做工精细，尽显屋主的生活情调。

MODERN STYLE 现代风格

主卧设计 MASTER BEDROOM DESIGN

强调功能性设计，线条简约流畅、色彩对比强烈，床具一般需要窗帘和床单来陪衬，同时多使用跳色的地毯和亮丽的吊灯来增加卧室的舒适感和明度。

It stresses functional designs with concise and fluent lines and strong color contrasts. The bedding are foiled by curtains and bed sheets with jumping color carpets and bright droplights to add comfort and lightness to the bedroom.

童话世界

■ 设计师｜岳蒙

每一件配饰都可以为卧室呈现出别致的风景，以素色为主色调，以蕴含春意的装饰品点缀，让空间更灵动，更随性。跳跃的黄色和饱含生机的鲜嫩绿色，让房间充满童话色彩。

饰

饰品：无论是对称放置的台灯，还是墙上简单的圆形饰品，都为这个房间增添了活力。

布艺：床上用品大多以素色为主，几对条纹抱枕，简单朴素，彰显出屋主的高雅质朴。

挂画：鸵鸟先生伴着关不住的花果香气，成为房中新奇别致的焦点。

时尚空间

■ 设计师｜李益中、范宜华、董振华

本案以黑白两种颜色为基调。黑白既现代又怀旧，既简洁干脆又内涵丰富，用黑与白打造一个时尚简约空间，展现卓越品质。

饰

挂画：西方人物挂画，呈现异国风味。

床头柜：实木家具打造，简约质朴。

质朴雅居

■ 设计师｜叶建权

一个现代人的清居雅室，是这个空间的主导思想，却有一种别样的文化内涵和风格特点。简单、自然的生活空间让人身心舒畅，感到宁静和安逸，便可以满足人们对悠然自得的生活的向往和追求。通过清晰，简明的线条剪裁和素净质朴的家具组合，构建出舒适的生活环境。

饰

布艺：褐色的麻质窗帘，搭配浅灰色的墙纸，随意而不失质朴。

床品：朴素的印花被褥，淡蓝色的抱枕，彰显了主人的清雅。

背景墙：两侧的小挂灯与床头柜上的台灯搭配和谐，简单温馨。

欧式时尚

■ 软装配套 | 南京海立纳文化艺术有限公司

大胆利用颜色的深浅变化巧妙过渡，让空间不至于沉闷且呈现出层次感。采用温和的米色调背景让人在此能够放松下来，充分表达业主出对生活的热爱。欧式的软装配饰与现代简约完美配合，雅致实用、富有朝气、韵味十足。

饰

吊灯：白色的水晶吊灯，简单而不失典雅。

饰品：家具、薄纱窗帘的欧式软装配饰，营造了一种古典美。

背景墙：黑白搭配，左右对称，让人眼前一亮。

逍遥游

■ 设计师｜吴文粒、陆伟英

本案中展示的作品都精彩异常，作品凝聚了设计师们新锐的设计眼光和独到的设计思想，陈列着各种精致的时尚潮流物件，这些物件与现代的设计在恰当的空间邂逅，许多家居设计摆件其新颖的构思和奇特的外形，更是成为设计潮流的价值取向。

饰

床品：舒适柔软的暗红色枕头，搭配素色的被褥，带给人愉悦的心情和优雅、纯粹与不凡的感受。

摆件：米白色的台灯，白色的鲜花，使空间更加清新、舒适。

简雅

■ 设计师｜大贾

以舒适功能为向导，充分彰显了生活的品质。采用色调柔和的各种装饰要素，使空间更加明亮、通透，空间线条流畅，各装饰元素的搭配富有层次感，营造出一个舒适的睡眠环境。

饰

床品：柔和的色彩，在灯光的照射下，更显温暖。

挂画：简单抽象，极具艺术气息。

化繁为简

■ 设计师 | 范文涛

此卧室风格为德国式简约风格，在整体设计上采用干净利落的直线条为主的手法，材质上多运用带纹理的木材、玻璃，以及不锈钢等，这些自然与工业化的对比材质，充分体现了德国木材等自然资源，与现代工业并重的国家特性。而简约风格不仅注重居室的实用性，而且还体现出了现代社会生活的精致与个性，符合现代人的生活品位。

饰

饰品：通过德国国旗中的黑、红、黄，这三种对比强烈的色彩的运用，更加突出了“德式设计”严谨、直接的空间视觉效果。

布艺：以银灰色为导向，条纹为辅佐，突出时尚、精致、立体感。

▲

将现有被认知的中国元素设计进行进一步优化，结合国际时尚潮流、气质。

她在丛中笑

■ 设计公司｜和信智美整体软设计机构

整体布局上以米白色与田园风格为主，在家具与配饰的精心选配上加入了硬朗与中性元素色调，让居室看上去清爽舒适，却又不失温馨的氛围。

饰

壁纸：紫色碎花在纯白的壁纸上交织开放，勾勒出优雅迷人的感觉。

床品：素色的床品搭配孔雀花纹的抱枕，舒适而随意，再加上柔和的光线，时不时透出一丝秀雅清丽。

摆件：不论是床头凳上放置的琵琶还是背景墙上的红色鲜花挂画，都显示出主人高雅的品味。

简约时尚

■ 设计师｜张凯

几何建筑铺陈墙面，大跨距方块错置罗列，前后凹凸形成一种高低错落感。现代简约的黑色框架，勾勒出整个空间的轮廓，奢华与气韵完美协调。

饰

电视墙：大跨距木纹石材电视墙墙体，与整个空间的几何构架，完美融合。

饰品：简单的挂画，精致的插花，为房间增添了几分暖意。

天花板：方形的天花板，搭配几孔小灯，没有过多的装饰，立体感十足。

休闲雅居

■ 设计师｜余周霖、叶志应

整个空间的设计自然舒适，给人一种温馨的感觉。素色为主基调，零星的亮色调为其增添了活力，没有华丽的装饰，却不失为茶余饭后的休憩佳所。简单的布置，却掩不住屋主对生活的热忱。

饰

背景墙：深蓝色的纹理，嵌上墨绿的带有字符的墙纸，彰显了屋主的文艺气息。

床品：白色的床上，点缀着橙色、蓝色、青色，生机勃勃。

饰品：简单的相框，随意摆放的小提琴，不刻意的装饰，更令人惬意。

夜色迷人

■ 摄影师｜三像摄/张静

整体设计很有立体感，没有过于浮夸的装饰，彰显了业主的淡雅情怀。夜幕降临，一壶清茶，临窗而坐，欣赏繁华都市的夜景也不失为一件美事。

饰

挂画：几幅挂画，显示了业主的文艺气息。

床品：不过分奢华，选色大方高雅，与整个空间的格调极为搭配。

时光与经典

■ 设计师 | 杨春雷

主卧，是阔绰的独立套房设计，配置了专属书房、走入式衣柜和洗手间。由于空间很大，所以配有超大体量的床。主卧专属洗手间，全明设计，开间尺度可与别墅媲美，可以享受 SPA，搭配上 Casa Pagoda 的香薰烛台，再配上音乐，一线山景、唤起如法国女人的精致和浪漫。

饰

布艺：运用带有马毛的真皮材质进行艺术拼接，具有爱马仕浓郁的艺术气息。

床品：意大利奢侈品牌的代表 Roberto Cavalli，在华贵中带有一点小野性的气质，体现女主人的独特个性。

吊顶：在奢华的陈设至上，点睛之笔来自英国威廉王子居室中的经典鹿角吊顶，与床品的小野性相得益彰，更显尊贵。

咖啡时尚

■ 设计师｜于洁

家具的选择很精致，颜色上以高贵的黄褐色为主，既不花俏、复杂又不失时尚、贵气。采用皮革的软包，金属线条的装饰，把传统的构件通过重新组合出现在新的情境之中，使得空间更加具有小资情调，使其具有极强的文化品位。

饰

背景墙：采用凹凸界面和长方体为形体的层次变化，视觉丰富的同时又体现了屋主的高雅品味。

吊灯：分层水晶吊灯，增加了空间的层次感。

饰品：挂画，床头柜上的台灯、相框、小摆件，简单不失高贵。

蝶恋花

■ 设计师｜刘卫军

当生活成为最奢侈的时光，你可以静静地感受一份英式下午茶带来的惬意。休闲中带有奢华、简约中带有品味，处处充满着情调。

饰

背景墙：以植物花纹壁纸突出浪漫情调，鲜亮的花朵与鸟儿，欢快活泼。

摆件：细致精雅，突出气韵。

雅致空间

■ 设计公司｜柏舍设计

卧室层次感十足，没有过分的修饰，追求的不是奢华，而是高尚品质的体验。搭配灯光的效果，镜钢的折射营造出阳光的感觉。

饰

饰品：淡淡的金色，醇厚而温暖，带着贵气与奢华，似是享受着成功生活的恬淡与怡然。

床品：精致舒适的质地，与富贵的米白色形成很好的互搭，经典时尚。

金色殿堂

■ 设计公司 | 柏舍励创 · 柏舍设计

卧房设计稳重大气，主幅墙提取中式窗格元素，一方一圆，一天一地的灯光设计环绕整个空间，提升了空间的艺术性。玫瑰金镜钢的多处装饰倾吐芳华，书房国际象棋的水晶挂饰精致而充满味道，点缀其间的几个街景装饰画，细节之处感受整个空间温暖华丽的神韵。

饰 背景墙：以玫瑰金镜钢线条勾勒传统造型的背景墙，气质古雅时尚。同时与地毯造型呼应。

床品：黑白配色，经典且大气，与整体空间色彩相协调。

AMERICAN STYLE

美式风格

主卧设计 MASTER BEDROOM DESIGN

布置突出温馨，作为主人的私密空间，主要以功能性和实用舒适为考虑的重点，一般的卧室通过顶灯、床头灯和温馨柔软的成套布艺来装点，同时在软装和用色上保持统一。

The furnishings highlight warmth. As the private space of the owner, functions and comfort must be concerned. It usually uses dome lights, bed lumps and warm and soft fabrics on suite with unified soft decorations and colors.

返璞归真

■ 设计师 | 谢柯、支鸿鑫

乡村、简朴但却不失优雅的托斯卡纳风有一种“含蓄中的震慑力”，表现出人们对悠然舒适的生活的向往。

饰

沙发：奶白色的沙发清淡、优雅。

床：木质的床质朴、舒适。

花瓶：蓝色的花瓶点亮了整个空间。

金色浪漫

■ 设计师｜翁伟锴

本案为一个自在、温馨的北美风格生活。摒弃了过多的繁琐与奢华，兼具古典主义的优美造型，在不经意中成就一种休闲式的浪漫，既简洁明快、温暖亲切，又不失华丽的感觉。为达到温馨舒适的设计理想，让每一种材质都透着阳光、青草、露珠的自然味道，仿佛随手拈来，营造出闲散与自在，温情与舒适的氛围，感受不同的温馨居所。

饰

挂画：两幅镶框挂画，十分精致，华丽而有内涵。

床品：整个床品的选择都属于低奢风，不过度复杂，彰显主人对休闲舒适生活的追求。

墙纸：除去背景墙的金色印花壁纸，其他部分选用深浅不一的条纹壁纸，增加了空间的活力。

一帘幽梦

■ 设计师 | 余颢凌

空间利用最大化，简约造型与素色纸的结合充分体现了屋主热爱生活的情怀，充分展现了屋主的品味，没有夸张的造型，没有浮华的色彩，通过不同材料的合理搭配，配合着材料本身的纹理以及与之俱来的装饰效果，最后加上合理的照明，造就了一个祥和安宁、舒适自然的温馨家园。这些设计元素加在一起，组成一幅完美的画卷。

饰

床品：床上装饰以素色为主，搭配白纱般的窗帘，美美睡上一觉，岂不幸福。

摆件：无论是墙上的挂画，还是床头柜上的台灯、花包小饰品，无不体现了屋主宁静祥和的心境。

地毯：印花地毯颜色层次分明，由深到浅，既不浮夸，又显淡雅。

自在飞花轻似梦

■ 设计师｜陈熠

本案结合得天独厚的环境，将室内设计部分巧妙地与周围环境相结合，为业主营造出美式乡村的度假别墅。这种度假别墅不需要富丽堂皇，只需为业主和宾客带来温馨惬意的度假环境。

饰

挂画：向日葵挂画使整个空间融入了与大自然的气息，增添整体环境中乡村田园的惬意，富有质感品位。

椅子：实木打造，搭配碎花布料，质朴中透露着时尚。

吊灯：水晶吊灯带来温馨、舒适的体验。

爱在普罗旺斯

■ 设计师 | 廖易风

地面火焰红的仿古地砖，墙面暗黄色的硅藻泥，顶上带有浓郁复古风的烟熏老松木木结构梁，热带盆栽植物，酒红色的窗帘等这些都营造了舒适自在生活的真实写照。

饰

床品：床上的红色印花与躺椅上的黄色印花遥相呼应，仿佛置身于花海。

天花板：复古风的木梁搭配现代简约的吊灯，如沐日光浴。

摆件：几处热带植物盆栽，为整个空间增添了活力。

浪漫情怀

■ 设计师｜庄光科、颜阳

家，一个美好欢乐的地方。在这里，我们将拥有很多温馨、浪漫的时刻。无论是伴侣的浅浅一笑，还是长辈的叮咛嘱咐，或者小宝贝的嘤嘤学语。这些，都将给整间房子充满浪漫、关怀、生机和活力。而设计师将这些生活的画面融汇到设计元素里，给人轻轻细语慢慢品味的隽永。

饰

沙发： 造型优雅的浅色系布面沙发，沉稳大气，又不失温馨浪漫。

吊灯： 水晶吊灯明亮、舒适。

花瓶： 浅蓝色花瓶搭配粉色鲜花，营造浪漫氛围。

美式情缘

■ 设计公司｜朗昇空间设计

主卧室设计空间较大，以大面积浅色、蓝色为主调，以呈现浪漫、沉静的生活氛围。浅色的天花与墙面不经雕琢，将淡蓝色的床头背景包围起来。主人房卫生间设计淡雅自然，洗手台柜与梳妆镜均选用实木制作，壁灯精致亮丽，装饰物别致富有情调，与外红内白、线条优美的大浴缸一起，空间内富有动感，美式风情十足。

饰

家具：整个空间内，实木制作的床具、柜体等完美呈现出美式家私的稳重与精美。大大小小的山茶花形似随风自然飘落，点缀在窗帘、床品之上，自然且有品味。

饰品：独显特色的丘比特玩偶憨态可掬，给空间增添不少乐趣。

艺术人生

■ 设计师｜张婧、程静、夏婷婷

设计师对其进行优化设计，极尽雕琢，争取空间给人用。比例、尺度、切割……都是修正空间需要的技巧。而运用穿透、环抱、层次、借景，能够再造一个空间，使设计的价值得以体现。用艺术性手法进行设计，让人感到美，感到舒服。

饰 挂画：墙上的挂着的 DIY 钥匙挂画是开起幸福人生大门的暗藏秘密。

床头柜：床头柜上的复古始终提醒着要珍惜家庭温馨时光。

CHINESE STYLE 中式风格

主卧设计 MASTER BEDROOM DESIGN

色彩一般选用安静、悦目、舒适、沉稳的格调，以淡雅、别致的色彩如乳白、淡黄、绯红、淡紫等为主，创造出柔和宁静的气氛。窗帘选用柔和、垂度好且较飘逸的布料，以增强避光性与隐私性。

It usually uses quiet, pleasant, comfortable and sedate tone, and elegant and unique colors such as milky white, light yellow, bright red and pale purple to create soft and tranquil atmosphere. The curtains adopt soft, vertical and flowing fabrics to increase photophobism and protect privacy.

闲庭信步

■ 设计师｜吴文粒、陆伟英

本案将东方传统的气韵蕴藏在室内空间中，通过中国传统建筑中轴对称的平面布局和立面构图，意图达到同样的境界，传达大气、质朴及优雅的空间氛围。

饰

摆件：传统中国红色对称放置的台灯，延续传统的中式屏风，以及精心设计的原创家具，呈现出现代中式空间的大气。

吊灯：水晶吊灯，柔和的灯光，使温馨优雅的空间中透露出中式的禅意和朴实，空间中每个景致与角度都使人感觉到喜悦。

暖居

■ 设计师 | 蒋国兴

本案通过色彩造型光线的创新，以及家具软饰的配合，来营造一种温馨和谐的生活空间，在功能、美学、个性中寻到最佳的契合点，把生活真实与艺术融汇在一起。

饰

饰品：插花等饰品增添空间的活力再加上淡雅俊秀的陶瓷艺品使空间多了一份灵动。

吊灯：暖色的灯光氛围，使空间铺满温馨。

配色：以色彩充实生活质量，沙发坐垫的蓝色、棕红色、植物的绿色等，这些丰富的色彩，塑造出一个极具亲和力的家具形象，塑造一个具有独特魅力，外秀内美的生活空间。

蝶恋花

■ 设计师｜曲春光

设计中大胆抛弃传统中式，以写意手法传递东方情怀，摒弃红色调的定式思维，用更自然富于情感，更加秀丽清新的湖蓝和石绿，犹如青绿山水画，温婉柔情。

饰

天花板：传统的中式天花板，别具特色。

屏风：古色古香的屏风，与天花板的搭配极其和谐。

床品：蓝色的印花枕头、被褥，与床头柜上的湖蓝色台灯遥相呼应。

蓝色经典

■ 软装配套｜南京海立纳文化艺术有限公司

精致而舒适是这个卧室的定位，材质上也极力选用时尚、亮丽的新材质来营造空间质感。整个空间已灰色为主，蓝色为辅，加之镜面的使用，增添了几分活力。

背景墙：古色古香的背景墙，加上两个金属鸟笼，掀起了一股中国风。

布艺：黑色的窗帘，白色的条纹加以装点，与床上的深蓝色毯子，共同为空间增添了生机。

饰品：无论是水晶饰品，金属饰品，或是墙上的挂画，都是一种经典美。

孔雀东南飞

■ 设计师｜桂峥嵘

设计为新中式风格，对称式的布局方式，格调高雅，造型简朴优美，色彩浓重而成熟，处处摆放着中国传统室内陈设，追求一种修身养性的生活境界。装饰细节上崇尚自然情趣，花鸟、鱼虫等图画精雕细琢，富于变化，充分体现出中国传统美学精神。

饰

饰品：从挂画、背景墙到地毯，鸟语花香，四处洋溢着大自然的气息。

吊灯：水晶大吊灯，暖暖的光照耀着房间里的花花草草。

窗帘：青绿色的窗帘，与空间的整体配色融为一体，窗内外都春意盎然，生机勃勃。

花香阁

■ 设计师｜庞一飞、颜飞

以木为设计主题，禅意的元素肆意整个空间，静与动只一线之隔，在一种全然悠闲的情绪中，去消遣每一个日落与黄昏。

饰

花卉：热烈奔放的色彩，生机盎然。

家具：别致新颖，造型突出，木质的清香久久不容散去。

远离尘嚣

■ 设计师 | 黄晓彪

全新的理念来诠释中式所呈现的别样的风情，整个空间给人的感觉相当完美，没有丝毫累赘，整体设计一气呵成，源远流长。

饰 配色：设计师使用深浅不一的色彩搭配，突出层次感。

挂画：花鸟画表现自然轻松的情趣，让整个卧室生机盎然，给休憩的港湾一份宁静。

墙面：白色墙面掩饰着木质的沉重，营造清闲雅致的氛围。

东方美居

■ 设计师｜刘杰、万吉省

利用超大的床头造型，营造出山海的意境，包容之感将这张床一下子拉回到了“中式”的格调。不以形式作为主导，而是回归内在的价值观与文化诉求，很自然地将中式味道中的力量呈现。

饰

背景墙：置身于自然烧制的粗陶里的花艺，一枝白梅、三两松枝，它们或袅袅娜娜，或清新脱俗。

饰品：通过简洁、有力的设计语言，将东方的智慧与态度无限放大，平淡、含蓄、单纯和空灵之美。

雅调

■ 设计师 | 郑树芬、杜恒

整个空间天然天成、清浅浪漫的格调。没有过多的华丽装饰，反倒用自然简约的线条、色彩来营造出田园舒适轻松的氛围。

饰

灯光：温和的暖黄色调让卧室充满舒适感。

布艺：经典的银色，无论是床品还是窗帘都散发着淡淡的优雅。

阳光魅力居

■ 设计师 | 胡飞

将简约与传统中式元素重组，塑造一个外在形式现代时尚，内在气质内敛东方的当代中式高端卧房。透明的采光天窗 SPA 堪比东南亚海景度假酒店，魅力极佳。

饰 地砖：色彩斑斓的四边形地砖拼合，视觉强烈。

床：造型别致，设计新颖，突出质感与时尚。

悠悠木香

■ 设计师｜黎广浓、唐列平

以打造精致生活与文化韵味，期待能够唤起对人文生活的真实感动为出发点，塑造一间极富韵味的雅室。

饰

背景墙：以白色格栅为视觉焦点，辅以水墨画，意境悠长。

家具：富有人文气质，天然古朴，突出内涵。

指尖艺术

■ 设计师｜吴军宏

整个卧室空间的设计，均为古色古香的中式风，而在格局和功能上，则以现代生活为蓝本，突出度假和休闲的主题，适合居住。

饰 顶面：大量木质的运用，沉稳、庄重。同时挑高的造型，延伸空间的层次感。

背景墙：镂空花色的木质屏风，细腻精致。扇子造型，经典唯美。

NEO-CLASSICAL STYLE

新古典风格

主卧设计 MASTER BEDROOM DESIGN

家具用简化的手法、现代的材料和加工技术去追求传统式样的大致轮廓特点，卧室床品多以深色、金色、黄色、暗红色为主，少量白色糅合，使色彩看起来明亮。

The furniture pursues general outlines in traditional patterns by simple techniques, modern materials and process technology. The beddings are mainly dark color, gold, yellow and dark red with some white to make the colors brighter.

如花似梦

■ 设计公司｜睿智匯设计公司

此卧室采用以女性为主的洛可可风格为基本底蕴，让整个空间从整体到细节都能够透出一股属于女性的优雅华丽、又不失个性的气质，传达了一种对待生活的态度，即用乐观的心态获取快乐。

饰

吊灯：顶面的花朵图案配合墙面的床幔，让生活在这里的人感到惬意和舒适，高雅而浪漫。

浴室：布局大胆创意，将卫生间功能半开放，其中浴盆完全开放，而马桶与淋浴间均采用玻璃隔断式放置于两侧，在开放的同时保证了基本的功能需要。

床品：精致而不过于浮夸的装饰，凸显了屋主高雅品味。

流金岁月

■ 设计师｜翁伟锴

本案主体运用经典设计元素，在不同功能空间及卧室内使用大量高档材料。设计元素根源风格的深厚历史背景，装饰造型等工匠精神重新诠释，突出华丽感营造出适合中国人居住的住宅。

饰

地板：采用实木木地板，冬暖夏凉，也有隔音性能。

吊灯：中间设计一个水晶的实用大吊灯，给人一种高贵温馨之感。

摆件：卧室放置的一些小摆件比如陶瓷茶具和金色相框都有一段精彩的故事，或常常勾起主人对过去的丝丝怀念，或燃起对未来的种种向往。

新古典雅居

■ 设计师 | 彭林

新古典风格从简单到繁杂、从整体到局部，精雕细琢，镶花刻金都给人一丝不苟的印象。一方面保留了材质、色彩的大致风格，另一方面又摒弃了过于复杂的肌理和装饰，简化了线条。在注重装饰效果的同时，用现代的手法和材质还原古典气质，新古典具备了古典与现代的双重审美效果，完美的结合也让人们在享受物质文明的同时得到了精神上的慰藉。

饰

吊灯：精致的水晶吊灯，整个房间的装饰完美融合。

床品：没有过于复杂的装饰，同样显示其高贵典雅。

窗帘：阳光透过薄薄的印花窗纱，照进房间，温暖了人心。

低调的华丽

■ 设计师 | 由伟壮、杨健峰

本案选用新简约古典主义风格，它是一种多元化的思考方式，将怀古的浪漫情怀与现代人对于生活的需求相结合，兼容华贵典雅与时尚现代，放映出后工业时代的个性化美学观点与文化品位。

饰

配色：黑、白、灰基调的铺垫彰显了古典风格的低调的个性。

椅子：柔顺的绒布椅子的选用，给这个相对刚性的空间注入了细腻的情感。

吊灯：吊灯的运用增了添古典情怀。

金色年华

■ 设计师｜金卫华

本案采用新装饰主义风格，它有别于传统的装饰主义的华丽感，讲究陈设和配置，着重于控制空间的欣赏性，在呈现精简线条的同时，又蕴含奢华感。

饰

吊灯：采用水晶大吊灯，并运用光与影的变化，营造出空灵流动的室内氛围。

配色：以金色为主调，彰显奢华之风。

布艺：细腻的工艺，奢华的面料，打造出崭新的复合式美学。

金色华居

■ 设计师｜彭政

布置较为温馨奢华，作为主人的私密空间，主要以功能性和实用舒适性为考虑的重点。在色彩搭配上，设计师采用了暖色调，和淡雅的墙面相呼应。

饰

饰品：仿古床头灯和相框摆设在床头柜，很有古典主义的风味。

天花板：内凹的天花板，配上大吊灯的光，似满天繁星。

地毯：古典的印花地毯与红木地板搭配，美轮美奂。

重温经典

■ 设计师｜叶猛

这个空间有一种皇家的贵气和高雅，整个卧室充满浪漫而温馨的氛围，彰显了主人的生活情调。

饰

窗帘：薄纱般的窗帘，淡紫色的花纹，窗外的美景尽收眼底。

吊灯：白色的大吊灯，与整个空间的素雅格调极搭。

饰品：金属质感的床头柜，舒适的躺椅，凯蒂猫的小娃娃，给人一种舒适感。

闲情逸致

■ 设计师 | 吴文粒、陆伟英

精美雅致的空间往往呈自然之姿，摒矫揉造作之态，在室内中营造人与空间和谐之貌，默契在其中静静徜徉，不需要过多陈设装饰加以赘言。最纯粹的东西的往往最能够经得住时间的打磨和考验，越简单越能见个中蕴意，本案注重内在探索，探索生活真谛。

饰 吊灯：柔和的光线塑造出一种内定神闲的空间气质。

背景墙：深紫的背景墙体现高贵典雅的生活品质。

时尚新主义

■ 设计师 | 陈杨利

深浅色调的碰撞交织出有趣的对比，简洁利落的线条勾勒出非凡的气质。充满时尚感的家居，带着简练的细部装饰，散发出深邃高贵的气质。

饰

吊灯：白色的大吊灯与米色的墙纸，交相辉映。

床品：舒适柔软的大枕头，蓝色的被褥，颜色上的搭配极其时尚。

摆件：米白色的台灯，纯白的相框，蓝色的花盆摆台，显示出一股小清新。